Haresh Varma

"Inseto do algodão vermelho: biologia, dinâmica populacional e controlo químico"

Haresh Varma

"Inseto do algodão vermelho: biologia, dinâmica populacional e controlo químico"

Explorar o ciclo de vida, as tendências populacionais e a intervenção química para uma gestão eficaz do inseto do algodão vermelho

ScienciaScripts

Imprint
Any brand names and product names mentioned in this book are subject to trademark, brand or patent protection and are trademarks or registered trademarks of their respective holders. The use of brand names, product names, common names, trade names, product descriptions etc. even without a particular marking in this work is in no way to be construed to mean that such names may be regarded as unrestricted in respect of trademark and brand protection legislation and could thus be used by anyone.

Cover image: www.ingimage.com

This book is a translation from the original published under ISBN 978-620-7-45632-1.

Publisher:
Sciencia Scripts
is a trademark of
Dodo Books Indian Ocean Ltd. and OmniScriptum S.R.L publishing group

120 High Road, East Finchley, London, N2 9ED, United Kingdom
Str. Armeneasca 28/1, office 1, Chisinau MD-2012, Republic of Moldova, Europe
Printed at: see last page
ISBN: 978-620-7-62688-5

RESUMO

As presentes investigações sobre "Estudo da biologia, flutuação populacional e controlo químico do inseto vermelho do algodão, *Dysdercus koenigii* (Fabricius)" foram realizadas na C. P. College of Agriculture, S. D. Agricultural University, Sardarkrushinagar durante o ano 2007-08.

Os estudos sobre a biologia do inseto vermelho do algodão foram realizados a uma temperatura média de 25,5 ± 7,76º C e a uma humidade relativa média de 55,19 ± 21,36 por cento. O estudo revelou que os ovos eram macios ao tato e de cor esbranquiçada, com forma oval ou esférica. O comprimento e a largura médios do ovo eram de 1,08 ± 0,02 mm e 0,76 ± 0,08 mm, respetivamente. O período médio de incubação foi de 4,97 ± 0,82 dias, com uma percentagem média de eclosão de 87,33 ± 3,61. A cor, a forma e o tamanho das ninfas de primeiro, segundo, terceiro, quarto e quinto instares foram avaliados. O comprimento e a largura médios das ninfas de primeiro, segundo, terceiro, quarto e quinto instares foram de 1,62 ± 0,17, 2,82 ± 0,57, 3,82 ± 0,78, 7,02 ± 1,21 e 8,17 ± 1,30 mm de comprimento e 0,98 ± 0,16, 1,25 ± 0,29, 1,65 ± 0,99, 2,51 ± 0,44 e 3,46 ± 0,62 mm de largura, respetivamente. A duração média das ninfas de primeiro, segundo, terceiro, quarto e quinto instares foi de 2,51 ± 0,50, 3,52 ± 0,50, 4,51 ± 0,50, 11,92 ± 1,42 e 14,86 ± 0,80 dias, respetivamente. A duração total da ninfa foi registada como 37,52 ± 1,71 dias. O adulto era de constituição forte, tamanho médio e cor vermelho-escarlate. As asas anteriores apresentam uma mancha oval preta no centro. As asas posteriores são transparentes, membranosas e mais largas do que as asas anteriores e, durante a postura, ficam escondidas sob estas últimas. Os machos e as fêmeas medem, em média, 12,10 ± 1,00 mm e 13,56 ± 1,04 mm de comprimento e 4,09 ± 0,33 mm e 4,84 ± 0,26 de envergadura, respetivamente. A longevidade média dos machos e das fêmeas foi de 22,33 ± 1,44 e 16,93 ± 0,80 dias, respetivamente. Os períodos médios de pré-oviposição, oviposição e pós-oviposição foram de 7,6 ± 1,12, 8,92 ± 0,88 e 7,26 ± 0,79 dias, respetivamente. O período de vida total de machos e fêmeas foi de 60,00 ± 3,52 e 55,68 ± 2,42 dias, respetivamente. A fecundidade do inseto do algodão vermelho foi de 95,2 ± 19,13 ovos/fêmea num período de vida. O inseto do algodão vermelho passou por seis gerações durante o período de estudo. As ninfas e os adultos do inseto vermelho do algodão alimentam-se vorazmente, infestando folhas, flores e cápsulas de algodão e sugam o sumo das sementes de cápsulas de algodão verdes ou rasgadas. As cápsulas infestadas ficam murchas e secas. Em caso de infestação grave, a vitalidade da planta é afetada e os danos também destroem o poder germinativo da semente devido à perda do seu conteúdo de óleo. A fibra de algodão também foi manchada por excrementos amarelos de ninfas e adultos.

O estudo sobre a flutuação da população mostrou que a população de insectos vermelhos do algodão foi maior (42,52 ± 38,03 insectos vermelhos do algodão/planta) na variedade de algodão Bt. Cotton (Rashi-2), seguida da variedade híbrida (G.Cot. hybrid-10) com 34,28 insectos vermelhos por planta e da variedade Deshi (G.Cot.-23) com 30,86 insectos vermelhos/planta. A variedade de algodão Bt. é mais preferida pelo inseto do algodão vermelho do que as variedades híbrida e Deshi.

O estudo sobre a bioeficácia de vários insecticidas contra o inseto vermelho do algodão indicou que a aplicação de duas pulverizações de imidaclopride 0,007 por cento com um intervalo de três semanas durante o mês de novembro se revelou mais

eficaz contra o inseto vermelho do algodão.

CONTEÚDOS

I. INTRODUÇÃO

O algodão (*Gossypium* spp.), pertencente à família Malvaceae, é popularmente conhecido como "ouro branco" e considerado como o "rei" das fibras para vestuário. O algodão ocupa a primeira posição na agricultura e na indústria têxtil indianas e fornece uma das três necessidades humanas básicas, *ou seja,* vestuário.   O algodão não é apenas a principal cultura comercial, mas todas as partes da planta do algodão são úteis para os agricultores indianos, de uma forma ou de outra. As sementes de algodão fornecem óleo comestível e o bagaço é utilizado como alimento para o gado. O caule é utilizado como combustível, as folhas verdes são dadas como alimento às tartarugas e as folhas secas que caem no chão acrescentam conteúdo orgânico ao solo.

O algodão é a principal cultura de fibras da Índia, que cobre uma área de 8,90 milhões de hectares e ocupa o primeiro lugar no mundo entre os países produtores de algodão e o quarto na produção, com 18,4 milhões de fardos de algodão em caroço. O rendimento médio do algodão foi de 373 kg ha^{-1} durante o ano de 2005-06 (Relatório Anual de Investigação, 2006).

Os quatro tipos de cultivares de *Gossypium* são amplamente cultivados em diferentes Estados da Índia, *nomeadamente* Gujarat, Maharashtra, Rajasthan, Andhra Pradesh, Karnataka e Tamil Nadu. Em Gujarat, o algodão é cultivado principalmente nos distritos de Ahmedabad, Narmada, Patan, Sabarkantha, Vadodara, Amreli, Bhavnagar, Jamnagar, Kachchh, Junagadh, Rajkot e Surendranagar. A área total cultivada em Gujarat é de 1,9 milhões de hectares, com uma produção de 7,38 milhões

de fardos (Relatório Anual de Investigação, 2006).

Gujarat orgulha-se de ser pioneiro no desenvolvimento da primeira variedade

interespecífica "*Deviraj*" e do primeiro híbrido comercial de algodão "Gujarat Cotton

Hybrid-4" (Patel, 1971). O algodão híbrido revolucionou o cultivo do algodão na

Índia e em muitos outros países.

Devido à adoção extensiva de variedades híbridas de algodão de haste longa e

de elevado rendimento, o problema das pragas de insectos tornou-se alarmante nos

últimos anos, o que constitui um importante fator limitativo da sua produtividade. A

cultura do algodão é altamente vulnerável ao ataque de pragas de insectos, uma vez

que permanece no campo durante mais de seis meses. Foram registadas cerca de 165

espécies de pragas de insectos que atacam o algodão desde a fase de plântula até à

colheita, o que pode causar uma perda de 50 a 60 por cento no rendimento do algodão

em caroço (Mathur, 2001).

As principais pragas de insectos que danificam os quadrados, os botões e a

cápsula do algodão são os bollworms *viz, Earias vittella* Fabricius, *Earias insulana*

Boisduval, *Pectinophora gossypiella* Saunders, *Helicoverpa armigera* (Hubner)

Hardwick e *Spodoptera litura* Fabricius; pragas sugadoras como o pulgão *Aphis*

gossypii Glover; cigarrinha *Amrasca biguttula biguttula* Ishida; mosca-branca,

Bemisia tabaci Gennadius; tripes, *Thrips tabaci* Lindemann; inseto vermelho do

algodão, *Dysdercus koenigii* Fabricius e outras pragas como o semilouco, *Anomis*

flava Fabricius; rolo de folhas, *Sylepta derogata* Fabricius e térmitas, *Odontotermes*

obesus Rahmb. As perdas evitáveis no rendimento foram estimadas em 77,13%

devido ao complexo de pragas, enquanto as pragas sugadoras causam 39,58% de perdas no rendimento (Relatório Anual de Investigação, 1983).

Entre os diferentes insectos que atacam a cultura do algodão, o inseto vermelho do algodão, *Dysdercus koenigii* (Fabricius) (Pyrrhocoridae : Hemiptera), é um dos insectos importantes que danificam a cultura do algodão em vários Estados, *nomeadamente* Gujarat, Uttar Pradesh, Bihar, Madhya Pradesh e Tamil Nadu. O inseto vermelho do algodão é designado por vários nomes vernáculos em diferentes partes da Índia, como *Chainpa* em Punjab, *Behna* em Kanpur, *Kappa poka* em Orissa, *Lal chingum* em Uttar Pradesh e *Lal chusiya* em Gujarat. As ninfas e os adultos sugam o sumo das sementes das cápsulas de algodão verdes ou maduras. Ambos se alimentam vorazmente e causam grandes danos à cultura. As cápsulas danificadas ficam murchas e a vitalidade da planta e a qualidade da fibra são também gravemente afectadas em caso de infestação intensa. O inseto permanece muito ativo entre outubro e março (Awasthi, 2002).

A área de cultivo de algodão no Norte de Gujarat está a aumentar de dia para dia. Esta praga está também a tornar-se grave na cultura do algodão, o que afecta a qualidade da fibra. Em consequência, o agricultor obtém um preço de mercado baixo. A fibra de algodão afetada altera também o processo de descaroçamento. Tendo em conta a gravidade desta praga de insectos, foi realizada a presente investigação sobre vários aspectos do inseto do algodão vermelho.

[1]   Biologia do inseto do algodão   vermelho (*D. koenigii*)

[2]   Número de gerações do inseto do algodão vermelho (*D. koenigii*)

[3]   Natureza dos danos causados pelo inseto vermelho do algodão (*D. koenigii*)

[4]   Flutuação populacional do inseto do algodão vermelho (*D. koenigii*)

[5]   Bioeficácia de diferentes insecticidas contra o inseto   vermelho   do   algodão

(*D. koenigii*)

II. REVISÃO DA LITERATURA

O inseto vermelho do algodão, *Dysdercus koenigii* (Fabricius), pertencente à família Pyrrhocoridae da ordem Hemiptera, é uma praga importante do algodão. Este inseto também se desenvolve bem noutras plantas malváceas como o azevinho, o quiabo (*Abelmoschus esculentus*) ou outras plantas não malváceas como a batata-doce (*Ipomea batata*), o tabaco (*Nicotiana tabacum*), etc.

A informação relacionada com a biologia, a flutuação da população e o controlo químico do inseto vermelho do algodão foi analisada a partir da literatura disponível e descrita a seguir:

2.1 BIOLOGIA   DO INSETO DO ALGODÃO VERMELHO (*D. koenigii*)

A literatura disponível sobre a biologia do inseto do algodão vermelho, *D. koenigii,* é analisada a seguir.

2.1.   1Ovo

Os ovos postos pela fêmea do inseto vermelho do algodão são de cor amarelada cremosa e depositados nas fendas do solo em massas de cerca de 90 ovos (Fletcher, 1914 e Bulletin Research Report, 1937).

Patel e Talgeri (1956) referiram que os ovos do inseto vermelho do algodão eram de cor amarelada brilhante. Os ovos do inseto vermelho do algodão eram de cor branca, de forma oval ou esférica e postos em massa (Mondal e Roy, 1973 e Judson e Rao, 1989). Por outro lado, os ovos do inseto vermelho do algodão eram redondos, de cor branca amarelada, e depositados em fendas na superfície do solo húmido ou debaixo de folhas caídas, tal como referido por Awasthi (2002).

Chakraborti (2000) referiu que o comprimento dos ovos do inseto vermelho do algodão era de 0,8 a 1,2 mm. Awasthi (2002) refere que o comprimento dos ovos do inseto do algodão vermelho é de 1,0 mm.

2.1.1.1 Período de incubação

O período de incubação dos ovos do percevejo vermelho do algodão foi registado como sendo de 5 a 21 dias em Formosa (Bulletin Research Report, 1937), 7 dias em Agra (Saxena, 1948), 4 a 5 dias em Allahabad (Shrivastava e Bahadur, 1958), 4 a 7 dias em Punjab (Sohi, 1964) e 7 dias em Jodhpur (Awasthi, 2002).

2.1.1.2 Percentagem de eclosão

Judson e Rao (1989) referiram que a percentagem de eclosão dos ovos do inseto do algodão vermelho (*D. koenigii*) era de 90 a 92 por cento. Chakraborti (2000) referiu que a percentagem de eclosão dos ovos do inseto do algodão vermelho (D. koenigii) era de 90 a 92 por cento.

2.1.2 Ninfa

2.1.2.1 Primeiro instar

Patel (1969) observou que a ninfa de primeiro instar tinha uma forma oval, de cor alaranjada, mudando para vermelho após 24 horas. A ninfa de primeiro instar media cerca de 1,80 mm de comprimento e 0,92 mm de largura. Enquanto que Schaefer e Panizzi (2000) registaram 1,60 mm de comprimento e 0,95 mm de largura.

Mondal e Roy (1973) registaram que o período ninfal do primeiro instar do inseto do algodão vermelho era de 4 a 5 dias. Enquanto que Judson e Rao (1989) registaram um período de 2 a 3 dias.

2.1.2.2 Segundo instar

Patel (1969) observou que a ninfa de segundo instar tinha forma oval e cor avermelhada. A ninfa de segundo instar media cerca de 2,91 mm de comprimento e 1,30 mm de largura. Enquanto que, como relatado por Schaefer e Panizzi (2000), tinha 2,10 mm de comprimento e 1,25 mm de largura.

Mondal e Roy (1973) registaram que o período ninfal de segundo instar do inseto do algodão vermelho era de 4 a 9 dias. Judson e Rao (1989) registaram um período ninfal do segundo instar do inseto do algodão vermelho de 3 a 4,10 dias.

2.1.2.3 Terceiro instar

Patel (1969) observou que a ninfa de terceiro instar do inseto vermelho do algodão tinha forma cilíndrica e cor avermelhada com uma faixa branca no lado dorsal do abdómen. Além disso, referiu que a ninfa de terceiro instar media cerca de 4,31 mm de comprimento e 1,82 mm de largura. Enquanto que Schaefer e Panizzi (2000) registaram 4,10 mm de comprimento e 1,80 mm de largura.

Mondal e Roy (1973) registaram o período ninfal do terceiro instar do inseto do algodão vermelho como sendo de 5 a 8 dias. Enquanto que Judson e Rao (1989) registaram um período de 3 a 4 dias.

2.1.2.4 Quarto instar

Patel (1969) observou que a ninfa de quarto instar do inseto do algodão vermelho tinha uma forma cilíndrica e as antenas eram de cor preta com uma cor vermelha escarlate. A ninfa de quarto instar media cerca de 6,45 mm de comprimento e 2,56 mm de largura. Enquanto que a ninfa do quarto instar media 5,5 mm de comprimento e 2,25 mm de largura, tal como referido por Schaefer e Panizzi (2000).

Mondal e Roy (1973) registaram que o período ninfal do quarto instar do inseto vermelho do algodão era de 18 dias. Em Hyderabad, o período ninfal do quarto instar do inseto vermelho do algodão foi de 5 a 6 dias, tal como referido por Judson e Rao (1989).

2.1.2.5 Quinto instar

Patel (1969) observou que a ninfa de quinto instar do inseto do algodão vermelho tinha forma cilíndrica e cor vermelha escarlate com pernas e antenas pretas. Os adultos apresentavam bandas brancas na margem anterior do protórax. A ninfa de quinto instar media cerca de 9,63 mm de comprimento e 3,54 de largura. A ninfa de quinto instar media 9,40 mm de comprimento e 2,21 mm de largura, conforme relatado por Schefer e Panizzi (2000). Mondal e Roy (1973) registaram que o período ninfal do quinto instar do inseto do algodão vermelho era de 19 dias. Em Hyderabad, o período ninfal do quinto instar do inseto vermelho do algodão foi de 6 a 7 dias, tal como referido por Judson e Rao (1989).

2.1. 3Adulto

Patel (1969) e Judson e Rao (1989) observaram que o adulto do inseto do algodão vermelho tinha uma forma cilíndrica, uma constituição forte, um tamanho médio e uma cabeça triangular. Não havia diferenças significativas entre machos e fêmeas, exceto no tamanho. A fêmea era maior do que o macho. Além disso, observaram que o macho do inseto do algodão vermelho tinha 11 mm de comprimento e 4 mm de largura. Enquanto que a fêmea tinha 14 mm de comprimento e 5 mm de largura. De acordo com Chakraborti (2000), o comprimento do macho do inseto do algodão vermelho era de 30,01 a 32,74 mm (incluindo o rostro); enquanto no caso da fêmea, era de 32,37 a 35,12 mm (incluindo o rostro).

2.1.3.1 Períodos de pré-oviposição, oviposição e pós-oviposição

Bhatia e Kaul (1966) referiram que os períodos de pré-oviposição, oviposição e pós-oviposição do inseto vermelho do algodão eram de 9,4, 10,2 e 6,2 dias, respetivamente. Patel (1969) refere períodos de 4 a 13, 1 a 21 e 1 a 7 dias.

2.1.3.2   Fecundidade

A fêmea do inseto do algodão vermelho põe 83 a 195 ovos (Ahmad e Khan, 1980), 80 a 100 ovos (Singh *et al.,* 1989), 150 ovos (Mukhopadhyay e Suha, 1993), 108 a 150 ovos (Chakraborti, 2000) e 80 a 100 ovos (Awasthi, 2002) durante todo o seu período de vida.

2.1.3.3 Longevidade

Bhatia e Kaul (1966) referiram que a longevidade dos machos e fêmeas adultos do inseto vermelho do algodão era de 67,00 e 55,0 dias, respetivamente.

Patel (1969) registou que a longevidade dos machos e das fêmeas do inseto vermelho do algodão variava entre 40 e 55 e 40 e 50 dias, respetivamente. Pathak e Sinha (1993) observaram que a longevidade dos machos e das fêmeas do inseto do algodão vermelho era de 35 a 26,6 e de 24,7 a 17,7 dias, respetivamente.

2.1.3.4 Relação entre os sexos

Em Hyderabad, Judson e Rao (1989) relataram que a proporção de machos : fêmeas era de 1 : 1,26 em condições de laboratório.

2.1.   4Período total de   vida

Judson e Rao (1989) referiram que o período de vida total dos machos e das fêmeas do inseto vermelho do algodão era de 30 e 25 dias, respetivamente, durante a estação das chuvas (entre julho e agosto) em condições laboratoriais. Enquanto que, para os machos, o período de vida foi de 23,12 a 30 dias e, para as fêmeas, de 21,43 a 27,49 dias, conforme relatado por Chakraborti (2000).

2.2NÚMERO   DE GERAÇÕES DO INSETO VERMELHO DO ALGODÃO

Patel (1969) observou que a população do inseto do algodão vermelho passou com sucesso por quatro gerações. Enquanto que, segundo Chakraborti (2000), o inseto do algodão vermelho passou por três gerações num ano.

2.3NATUREZA   DOS DANOS CAUSADOS PELO INSETO   VERMELHO DO ALGODÃO

De acordo com Pruthi (1924), as ninfas e os adultos do inseto vermelho do algodão sugam o sumo das cápsulas de algodão verde quando estas começam a abrir. Atacam as sementes jovens e oleosas e estragam o fiapo com os seus excrementos amarelos.

Kabayashi (1936) referiu que os adultos do inseto vermelho do algodão infestam as folhas, as flores e as cápsulas das plantas de algodão. Saxena (1948) referiu que as ninfas e os adultos do inseto vermelho do algodão sugam o sumo das sementes de cápsulas de algodão verdes ou rasgadas e que as sementes ficam murchas.

Sohi (1964) observou que a fibra de algodão estava manchada pelos excrementos amarelos do inseto e que as ninfas eram esmagadas durante o processo de descaroçamento. Gupta e Lal (1995) observaram que o inseto vermelho do algodão era uma praga gregária do algodão e que as ninfas e os adultos sugavam a membrana celular das flores, dos botões, das cápsulas e das sementes em desenvolvimento do algodão, bem como da fibra. As cápsulas infestadas abrem-se mal, a qualidade da fibra é afetada e as sementes tornam-se impróprias para sementeira. De acordo com Awasthi (2002), as ninfas e os adultos alimentam-se vorazmente e sugam o sumo das sementes de cápsulas de algodão verdes ou rasgadas. Mais tarde, as cápsulas ficam murchas e, em caso de infestação grave, a vitalidade da planta é afetada. Os danos também destroem o poder germinativo das sementes devido à perda do seu teor de óleo.

2. 4FLUTUAÇÃO POPULACIONAL   DO   INSETO   VERMELHO   DO ALGODÃO

Pruthi (1924) observou que a população do inseto vermelho do algodão se encontrava durante todo o ano quando o inverno não era rigoroso. Saxena (1948) relatou que o inseto vermelho do algodão permanecia mais ativo durante o mês de agosto a novembro e abrigava-se sob os detritos de dezembro a meados de março e alimentava-se de *bhindi de* abril a julho.

Patel e Talgeri (1956) observaram que a infestação de insectos vermelhos do algodão era grande entre novembro e janeiro e que hibernavam durante o inverno. No Punjab, Sohi (1964) referiu que o tempo frio severo diminuía a população do inseto vermelho do algodão. Em Jabalpur (Madhya Pradesh), o inseto vermelho do algodão manteve-se mais ativo entre novembro e fevereiro, tal como referido por Singh e Purohit (1972). Sidhu e Dhavan (1980) relataram que a população do inseto vermelho do algodão era muito baixa no algodão *Deshi*. A população do inseto vermelho do algodão estava positivamente correlacionada com a humidade e migrava para locais frescos, como folhas secas no chão e fendas no solo durante o período quente do dia (Peter *et al.,* 1985).

Kumble (1991) registou o pico de atividade do inseto vermelho do algodão durante os meses de dezembro a janeiro em Maharashtra. Singh *et al.* (2002) referiram que a temperatura e a humidade relativa estavam negativamente correlacionadas com o aumento da população do inseto vermelho do algodão. De acordo com Awasthi (2002), o inseto vermelho do algodão manteve-se ativo entre agosto e novembro.

2.5 BIOEFICÁCIA DE DIFERENTES INSECTICIDAS CONTRA O INSETO VERMELHO DO ALGODÃO (*D. koenigii*)

Nagia *et al.* (1990) testaram vários insecticidas contra o inseto vermelho do algodão e verificaram que a aplicação de triazofos a 0,02 por cento mostrava a menor infestação do inseto vermelho do algodão. Por outro lado, Singh e Singh (1991) observaram que diclorvos 0,03 por cento era altamente eficaz na redução da infestação do inseto vermelho do algodão. Segundo Ahmad (1992), a aplicação tópica de diflubenzuron 0,03 por cento provocou uma redução da fecundidade, da fertilidade e do desenvolvimento da descendência do inseto do algodão vermelho. Gupta e Lal (1995) testaram vários insecticidas contra *D. koenigii* e observaram que o imidaclopride era comparativamente muito mais tóxico do que os insecticidas convencionais, *nomeadamente o* metomil, o fosfamidão e o dimetoato, para o último instar ninfal e para os adultos do inseto do algodão vermelho.

Gupta *et al.* (1999) referiram que a nimbecidina 0,03 por cento foi considerada altamente eficaz na redução da infestação do inseto vermelho do algodão. Por outro lado, Misabahaddin e Ethlemuddin (2000) testaram vários insecticidas contra *D.*

koenigii e verificaram que o fosfamidon 0,03 por cento apresentava a infestação mais baixa do inseto do algodão vermelho. Khan e Khan (2001) testaram vários insecticidas contra *D. koenigii* e verificaram que o dimetoato, o fosfamidão e o endossulfão a 0,1 por cento de concentração causaram 96,0, 81,5 e 57,2 por cento de mortalidade, respetivamente. Por outro lado, Rizwanulhaq *et al.* (2005) observaram que o imidaclopride 25 WP e o acetamipride 20 SL eram altamente tóxicos e controlavam eficazmente o inseto vermelho do algodão em Faisalabad (Paquistão).

III.   MATERIAL E MÉTODOS

3.1BIOLOGIA   DO INSETO DO ALGODÃO VERMELHO (*D. koenigii*)

O estudo sobre a biologia do inseto vermelho do algodão, *D. koenigii,* foi realizado no laboratório do Departamento de Entomologia Agrícola, Chimanbhai Patel College of Agriculture, Sardarkrushinagar Dantiwada Agricultural University, Sardarkrushinagar, entre outubro de 2007 e dezembro de 2007. A temperatura mínima e máxima e a humidade relativa foram registadas durante o curso do estudo.

3.1.   1Técnica de rolamento

Para estabelecer a cultura em massa no laboratório, as ninfas e os adultos do inseto vermelho do algodão foram colhidos num frasco de vidro em campos de algodão cultivados na Agronomy Instructional Farm, C. P. College of Agriculture, S. D. Agricultural University, Sardarkrushinagar.

As cápsulas verdes tenras de algodão com pedicelo foram trazidas para o laboratório como alimento para as ninfas e os adultos. O pedicelo da cápsula de algodão foi envolvido com um cotonete embebido em água para manter a sua turgescência.   As cápsulas assim preparadas foram mantidas no fundo de um frasco de criação (18 cm de altura x 9 cm de diâmetro) e as ninfas e os adultos recolhidos foram libertados no frasco de criação. A boca do frasco foi coberta com um pedaço de tecido de musselina e apertada com um elástico (placa I). A comida era substituída todos os dias de manhã.   Os excrementos dos insectos, bem como os restos de comida, foram removidos com uma escova de cabelo para manter o saneamento e a cultura saudável. Os adultos criados em laboratório foram utilizados para estudar vários aspectos biológicos.

Para criar o inseto no laboratório, um par de adultos machos e fêmeas recém-emergidos foram confinados em garrafas de plástico (6,0 cm de altura x 4,0 cm de diâmetro) cheias de solo húmido. Três a quatro pedaços de cápsulas de algodão verde parcialmente abertas foram mantidos como alimento para os adultos e para a oviposição. A extremidade aberta foi fechada com um pedaço de tecido de musselina mantido no lugar por um elástico (placa II). Os ovos foram depositados em solo húmido e as cápsulas de algodão foram recolhidas com a ajuda de uma escova fina de pelo de camelo para evitar lesões mecânicas numa placa de Petri (5,5 cm de diâmetro x 1,5 cm de altura).

No fundo da placa de Petri, foi colocado um pedaço de espuma de uretano espessa e húmida com o mesmo diâmetro da placa de Petri. A placa de Petri foi coberta com a sua tampa e posta de lado para a incubação dos ovos.

3.1. 2Ovo

Os ovos acabados de pôr foram retirados e observados ao microscópio para estudar a sua cor, forma e tamanho. Para medir o comprimento e a largura, o ovo fresco foi transferido para a lâmina de vidro com um pincel fino de pelo de camelo e medido ao microscópio com a ajuda de um micrómetro ocular, depois de calibrado com o micrómetro de fase.

Para estudar o período de incubação e a percentagem de eclosão, foram colocados 25 ovos em cada placa de Petri (5,5 cm de diâmetro x 1,5 cm de altura) sobre papel absorvente húmido. O ovo foi considerado como tendo eclodido quando uma pequena ninfa saiu do ovo. A percentagem de eclosão foi calculada a partir do número de ovos eclodidos em relação ao número total de ovos mantidos sob observação.

3.1. 3Ninfa

Para estudar o número e a duração dos diferentes instares ninfais, as ninfas recém-emergidas foram transferidas individualmente para pequenos pedaços de cápsulas de algodão verde em tubos de plástico transparentes (7,5 cm de comprimento x 2,5 cm de diâmetro) com a ajuda de um pincel fino de pelo de camelo. No fundo do tubo foi colocado um pedaço de papel absorvente para evitar a condensação de humidade na parede do tubo.   A boca do tubo foi coberta com uma tampa de rosca de plástico com quatro a cinco pequenos orifícios para permitir a troca de ar. A cor, a forma e outros caracteres morfológicos foram registados para cada instar. O comprimento e a largura dos diferentes instares foram medidos com a ajuda de um micrómetro ocular e de um microscópio. A duração dos diferentes instares ninfais foi registada e o período ninfal total foi calculado a partir da data de emergência até à data de formação do adulto.

3.1. 4Adulto

Os adultos formados a partir das ninfas foram observados criticamente ao microscópio quanto à sua cor, tamanho e outros caracteres morfológicos. O comprimento e a largura também foram medidos. Para estudar os períodos de pré-oviposição, oviposição, pós-oviposição e fecundidade dos adultos, os adultos recém-emergidos foram criados em cápsulas de algodão, tal como descrito na técnica de criação (3.1.1).

3.1.5 Períodos de pré-oviposição   , oviposição e pós-oviposição

O período entre o aparecimento da fêmea adulta e o início da postura dos ovos foi registado como período de pré-oviposição. O período entre o início da postura de ovos e a paragem da postura de ovos pela fêmea individual foi registado como período de oviposição. Enquanto que o período entre a paragem da postura de ovos e a morte da fêmea foi considerado como período de pós-oviposição. O número de ovos postos por cada fêmea foi registado diariamente até à paragem da postura e foi calculada a fecundidade média. A longevidade dos machos e das fêmeas foi calculada separadamente a partir da data de emergência e da data de morte dos adultos.

3.2 NÚMERO   DE GERAÇÕES DO INSETO VERMELHO DO ALGODÃO

A fim de estudar o número de gerações do inseto do algodão vermelho, o inseto foi criado em sementes de algodão no laboratório durante o período de estudo.

Dez pares de adultos de insectos vermelhos do algodão foram confinados separadamente num frasco de criação (18 cm de altura x 9 cm de diâmetro) para oviposição. A duração total da primeira geração (ovo a ovo) foi registada. O estudo foi repetido para a geração sucessiva, tomando pares de adultos da geração anterior, e o estudo foi continuado durante um ano para conhecer o número total de gerações num ano. Simultaneamente, a duração de cada geração e a sua relação com a temperatura e a humidade relativa também foram calculadas em condições laboratoriais.

3.3 NATUREZA DOS DANOS CAUSADOS PELO INSETO VERMELHO DO ALGODÃO

Os insectos do algodão vermelho foram observados criticamente no campo e no laboratório para estudar os danos causados por *D. koenigii*.

3.   4FLUTUAÇÃO POPULACIONAL   DO   INSETO   VERMELHO   DO ALGODÃO

Foi realizada uma experiência entre outubro de 2007 e fevereiro de 2008 para estudar a flutuação da população do inseto vermelho do algodão em diferentes variedades de algodão na Agronomy Instructional Farm, C. P. College of Agriculture, S. D. Agricultural University, Sardarkrushinagar.

Dados experimentais :

Cultura	Algodão
Cultivares	: 3 (Três)
	(a) Algodão Bt. (Rashi-2)
	(b) Algodão híbrido (G.Cot. hybrid-10)
	(c) Algodão Deshi (G.Cot-23)
Espaçamento	: 90 cm x 60 cm
Data de sementeira	: 15th junho, 2007
Tamanho da parcela	: Terreno bruto: 7,2 m x 4,5 m
	Terreno líquido: 6,0 m x 2,7 m
Número de linhas/parcela	: 5
Número de plantas/linha	: 12

Observação registada

Foram seleccionadas aleatoriamente e marcadas dez plantas de cada cultivar de uma parcela de rede. As plantas seleccionadas foram examinadas minuciosamente para registar a população de insectos vermelhos do algodão (ninfas e adultos) a intervalos semanais.   As observações foram registadas 45 dias após a sementeira até à colheita.

3.5 BIOEFICÁCIA DE DIFERENTES INSECTICIDAS CONTRA O INSETO VERMELHO DO ALGODÃO (*D. koenigii*)

Foi realizado um ensaio de campo no campo do agricultor na aldeia de Dangiya, Taluka: Dantiwada, Distrito: Banaskantha para estudar a bioeficácia de vários insecticidas contra o inseto vermelho do algodão (*D. koenigii*) no algodão.

Os pormenores da experiência são apresentados a seguir.

Localização	:	Campo de um agricultor (Joshi Pravinbhai M.)
		Aldeia : Dangiya
		Taluka : Dantiwada
		Distrito : Banaskantha
Cultura e variedade	:	Algodão Bt. (Rashi-2)
Espaçamento	:	90 cm x 60 cm
Tamanho da parcela	:	Terreno bruto: 6,0 m x 4,5 m
		Terreno líquido: 4,8 m x 2,7 m
Número de linhas/parcela	:	5
Número de plantas/linha	:	10
Data de sementeira	:	15th junho, 2007
Conceção	:	Desenho de blocos aleatórios (RBD)
Replicações	:	3 (Três)
Tratamentos	:	9 (nove)

3.5.1 Aplicação de insecticidas

Os pormenores dos insecticidas testados são apresentados no quadro 1. Antes da aplicação dos insecticidas, todas as plantas seleccionadas foram etiquetadas. A aplicação por pulverização de vários insecticidas foi feita após o aparecimento das pragas, com a ajuda de um pulverizador de dorso. A segunda aplicação foi efectuada após 15 dias da primeira aplicação.

3.5.2 Observação registada

As observações sobre a população de insectos vermelhos do algodão (ninfas e adultos) foram registadas antes da pulverização e 3, 7 e 15 dias após a pulverização, em cinco plantas seleccionadas aleatoriamente por cada parcela. Os dados obtidos sobre o inseto vermelho do algodão (ninfas e adultos) foram submetidos a uma análise estatística para se chegar a uma conclusão final.

Quadro 1: Pormenores dos insecticidas utilizados contra o inseto vermelho do algodão (*D. koenigii*)

Sr. Não.	Tratamento	Nome comercial	Por cento	Dose	Fonte
1.	**Acefato**	Megastar 75 SP	0.11	1,5 g/l	M/S. Bharat Pesticides Industry Pvt. Ltd., Ahmedabad.
2.	**Imidaclopride**	Confidor 18.6 CE	0.007	0,39 ml/l	M/S Bayer (India) Ltd., Mumbai.
3.	**Diclorvos**	Nuvan 76 CE	0.05	0,65 ml/l	M/S. Sygenta (Índia) Ltd., Mumbai-400 020
4.	**Triazofos**	Hostathion 40 EC	0.05	1,25 ml/l	M/S. Hoechst Pharmaceuticals Ltd., Mumbai.
5.	**Dimetoato**	Rogor 30 CE	0.03	1 ml/l	M/S. Rallis (Índia) Ltd., Mumbai
6.	**Fosfamidão**	Dimecron 85 SL	0.03	1 ml/l	M/S. Hindustan Ciba Geigy Ltd., Mumbai
7.	**Fenvalerato**	Caça 20 CE	0.01	0,5 ml/l	Serate (Índia) Ltd., Mumbai
8.	**Azadiractina**	Nimbecidina	0.5	1,5 ml/l	M/S. T. Stanes and Co. Ltd., Coimbatore.
9.	**Controlo**	Pulverização de água	-	-	-

IV. RESULTADOS E DISCUSSÃO

Os resultados da presente investigação sobre a biologia, o número de gerações, a natureza dos danos, a flutuação da população e a bioeficácia de diferentes insecticidas em relação ao inseto vermelho do algodão, *Dysdercus koenigii* Fabricius (Pyrrhocoridae : Hemiptera), em condições laboratoriais e de campo, são apresentados e discutidos a seguir.

4.1 BIOLOGIA   DO INSETO DO ALGODÃO VERMELHO (*D. koenigii*)

A biologia do inseto vermelho do algodão, *D. koenigii,* foi estudada no laboratório do Departamento de Entomologia Agrícola, Faculdade de Agricultura Chimanbhai Patel, Universidade Agrícola de Sardarkrushinagar Dantiwada, Sardarkrushinagar, entre outubro e dezembro de 2007. A temperatura mínima e máxima e a humidade relativa durante o período de estudo foram de 12,5 a 35,60° C e de 23,40 a 85,30 por cento, respetivamente.

4.1. 1Ovo

Os ovos recém postos de *D. koenigii* eram macios ao toque e de cor esbranquiçada com forma oval ou esférica e podiam ser vistos a olho nu. Os ovos acabados de pôr eram de cor esbranquiçada (placa III), que gradualmente se tornaram amarelos antes da eclosão. Os ovos foram depositados em massa no solo. Patel (1969), Mondal e Roy (1973), Judson e Rao (1989) e Awasthi (2002) também referiram que os ovos de insectos vermelhos do algodão eram redondos, de cor branca amarelada, com forma oval ou esférica e depositados em massas. A presente constatação é quase semelhante aos relatórios dos trabalhadores acima referidos.

O comprimento e a largura dos ovos acabados de pôr foram medidos ao microscópio, utilizando o micrómetro ocular e calibrando-o com o micrómetro de fase. Os dados apresentados no quadro 2 indicam que o comprimento dos ovos acabados de pôr varia de 1,05 a 1,12 mm (Av. 1,08 ± 0,02 mm) e que a largura varia de 0,73 a 0,81 mm (Av. 0,76 ± 0,08 mm). O presente resultado está em estreita conformidade com o relatório de Patel (1969).

4.1.1.1 Período de incubação

O resultado incorporado no quadro 3 revelou que o período de incubação de *D. koenigii* variou de 4 a 7 dias, com uma média de 4,97 ± 0,82 dias a uma temperatura média de 25,50 ± 7,76° C e uma humidade relativa média de 55,19 ± 21,36 por cento. Shrivastava e Bahadur (1958) referiram que o período de incubação do inseto vermelho do algodão era de 4 a 7 dias, enquanto que o período de incubação era de cerca de 5 dias (Patel, 1969) e 7 dias (Awasthi, 2002), o que é mais ou menos semelhante ao do presente estudo.

4.1.1.2 Percentagem de eclosão

Pode ver-se no quadro 4 que a percentagem de eclosão dos ovos de D. *koenigii* variou de 80 a 92% (média 87,33 ± 3,61%) com uma temperatura média de 22,89 ± 1,35° C e uma humidade relativa média de 52,85 ± 2,05%. Patel (1969) relatou que a percentagem de eclosão do inseto vermelho do algodão era de 85,03%. Judson e Roy (1989) registaram uma variação de 92 a 94%. O presente resultado está mais ou menos em conformidade com o relatório dos trabalhadores acima referidos.

4.1. 2Ninfa

Verificou-se que a fase ninfal de *D. koenigii passava* por cinco instares. Patel (1969), Judson e Rao (1989) e Awasthi (2002) relataram que o estágio ninfal de *D. koenigii passava* por cinco instares. A presente constatação é semelhante aos relatórios dos trabalhadores acima referidos.

4.1.2.1 Primeiro instar

A ninfa de primeiro instar de *D. koenigii* recém-emergida tinha forma oval e cor laranja-amarelada, mudando para vermelho após 24 horas. A cabeça era mais estreita do que o tórax e o abdómen. Os olhos compostos eram vermelhos e situavam-se na posição dorsolateral de cada lado da cabeça. As antenas têm cinco segmentos e o último segmento tem a forma de um bastão com numerosas cerdas finas. O abdómen era oval nas ninfas recém-emergidas, mas após 24 horas de alimentação tornou-se pontiagudo posteriormente (placa IV). As ninfas de primeiro instar têm um hábito gregário, são bastante activas e movimentam-se durante algum tempo depois de saírem dos ovos. Mais tarde, instalam-se para se alimentar das cápsulas verdes de algodão fornecidas como alimento. A presente observação está de acordo com os relatórios de Patel (1969), Mondal e Roy (1973), Judson e Rao (1989) e Awasthi (2002).

O comprimento e a largura da ninfa de primeiro instar de *D. koenigii* variaram de 1,42 a 1,95 mm (Av. 1,62 ± 0,17 mm) e 0,78 a 1,06 mm (Av. 0,98 ± 0,16 mm), respetivamente (Tabela 2). Patel (1969) relatou que a ninfa de primeiro instar tinha 1,80 mm de comprimento e 0,92 mm de largura. Enquanto que Schaefer e Panizzi

(2002) registaram 1,6 mm de comprimento e 0,85 mm de largura, o que está mais ou menos de acordo com a presente investigação.

O período ninfal do primeiro instar do inseto do algodão vermelho (quadro 3) variou entre 2 e 3 dias (média de 2,51 ± 0,50 dias). Patel (1969) e Mukhopadhyay e Suha (1973) relataram que o período ninfal de primeiro instar foi de 4 a 5 dias. Enquanto que Judson e Roy (1989) referem que o período ninfal do primeiro instar é de 2 a 3 dias, o que está de acordo com os resultados actuais.

4.1.2.2 Segundo instar

A ninfa de segundo instar de *D. koenigii* recém-mudada tinha forma oval e cor avermelhada. Os olhos eram pretos e pontilhados de pigmento vermelho (placa V). O mesonoto também era distinto, mas mais pequeno do que o pronoto. Patel (1969) e Judson e Rao (1989) relataram que a ninfa de segundo instar tinha forma oval, era pequena e de cor avermelhada. O presente estudo é quase semelhante aos relatórios dos trabalhadores acima referidos.

O comprimento e a largura da ninfa de segundo instar de *D. koenigii* variaram de 2,12 a 3,52 mm (Av. 2,82 ± 0,57 mm) e 1,09 a 1,56 mm (Av. 1,25 ± 0,29 mm), respetivamente (Tabela 2). Patel (1969) relatou que a ninfa de segundo instar tinha 2,91 mm de comprimento e 1,30 mm de largura. Enquanto que Schaefer e Panizzi (2002) registaram 2,1 mm de comprimento e 1,25 mm de largura. A presente investigação está dentro do intervalo dos relatórios dos trabalhadores acima referidos.

O quadro 3 mostra que o período ninfal do segundo instar do inseto do algodão vermelho variou entre 3 e 4 dias (média de 3,52 ± 0,50 dias). Mondal e Roy (1973) registaram um período ninfal de segundo instar de 4 a 9 dias. De acordo com Judson e

Rao (1989), foi de 3 a 4 dias. A presente observação está mais ou menos em conformidade com o relatório dos trabalhadores acima referidos.

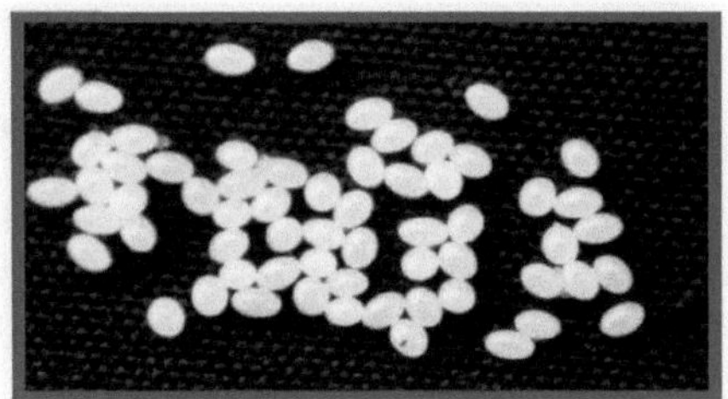

Plate III : Eggs of *D.koenigii*

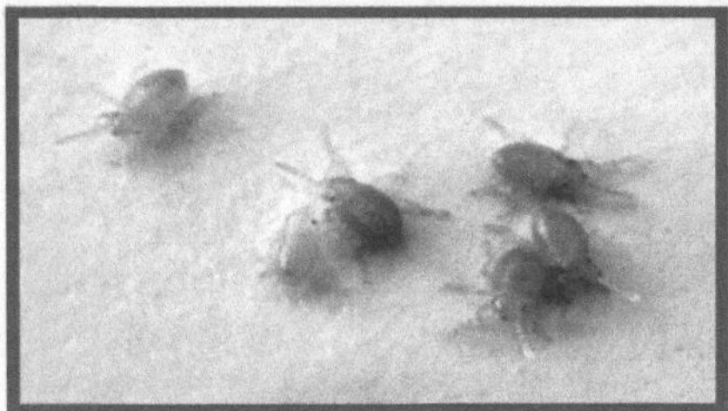

Plate IV : First instar nymphs of *D.koenigii*

Plate V : Second instar nymph of *D.koenigii*

4.1.2.3 Terceiro instar

A ninfa de terceiro instar de *D. koenigii* recém-mudada tinha forma achatada, cabeça triangular e cor avermelhada. A alteração mais marcante neste instar foi o aparecimento de almofadas nas regiões mesotorácica e metatorácica das asas (placa VI). Três pares de manchas dorsais muito ténues também se desenvolvem no abdómen. Patel (1969) e Judson e Rao (1989) referiram que a ninfa de terceiro instar era achatada, com cabeça triangular e de cor avermelhada. A presente observação é quase semelhante aos relatos dos trabalhadores acima referidos.

O comprimento e a largura da ninfa de terceiro instar de *D. koenigii* variaram de 3,14 a 4,72 mm (Av. 3,82 ± 0,78 mm) e 1,52 a 1,82 mm (Av. 1,65 ± 0,99 mm), respetivamente (Tabela 2). O comprimento e a largura do terceiro instar foram de 4,31 mm e 1,82 mm, respetivamente, como relatado por Patel (1969). Enquanto que, foi de 4,10 mm e 1,80 mm, respetivamente, de acordo com o relatório de Schaefer e Panizzi (2000), que está dentro do intervalo da presente investigação.

O período ninfal de terceiro instar de *D. koenigii* (quadro 3) variou de 4 a 5 dias (média de 4,51 ± 0,50 dias). Mondal e Roy (1973) relataram que o período ninfal de terceiro instar foi de 5 a 8 dias. Judson e Roy (1989) registaram um período ninfal de 4 a 5 dias. A presente constatação está mais ou menos em conformidade com o relatório dos trabalhadores acima referidos.

4.1.2.4 Quarto instar

A ninfa de quarto instar de *D. koenigii* tem forma cilíndrica e cor vermelha escarlate. A almofada da asa mesotorácica desenvolve-se consideravelmente até atingir a margem posterior do metatórax. A margem distal da almofada da asa era profundamente negra em comparação com a parte proximal. O metatórax só era visível na zona dorsal média. Faixas transversais brancas aparecem de um lado para o outro no terceiro ao sétimo esterno abdominal (placa VII). Patel (1969) e Judson e Rao (1989) referiram que a ninfa de quarto instar era cilíndrica e de cor vermelha escarlate, o que está em estreita conformidade com os presentes resultados.

A partir da Tabela 2, pode ser visto que o comprimento e a largura da ninfa de quarto instar variaram de 5,28 a 8,85 mm (Av. 7,02 ± 1,21 mm) e 2,14 a 3,26 mm (Av. 2,51 ± 0,44 mm), respetivamente. Patel (1969) relatou que a ninfa de quarto instar tinha cerca de 6,45 mm de comprimento e 2,56 mm de largura. Enquanto que Schaefer e Panizzi (2000) registaram 5,5 mm de comprimento e 2,1 mm de largura. O presente resultado está mais ou menos em conformidade com o relatório dos trabalhadores acima referidos.

A partir dos dados (quadro 3), verifica-se que o período ninfal do quarto instar do inseto do algodão vermelho variou entre 11 e 13 dias (média de 11,92 ± 1,42 dias). Mondal e Roy (1973) referiram que o período ninfal de quarto instar do inseto do algodão vermelho era de 18 dias. Judson e Rao (1989) registaram uma variação de 5 a 6 dias. A presente observação está mais ou menos em conformidade com o relatório dos trabalhadores acima referidos.

4.1.2.5 Quinto instar

A ninfa de quinto instar de *D. koenigii* tinha forma cilíndrica e cor vermelha escarlate. As patas e as antenas eram de cor preta.   As almofadas mesotorácicas das asas tornaram-se muito proeminentes. Uma faixa branca aparece na margem anterior do protórax (placa VIII). O abdómen não sofreu alterações significativas. A ninfa que se transformou em fêmea adulta era maior do que o macho

Patel (1969), Mondal e Roy (1973) e Judson e Rao (1989) referiram que o quinto

instar tinha uma forma cilíndrica e uma cor avermelhada, o que está em conformidade

com os presentes resultados.

A partir da Tabela 2, pode-se ver que o comprimento e a largura da ninfa de

quinto instar variaram de 6,92 a 11,65 mm (Av. 8,17 ± 1,30 mm) e 2,87 a 4,58 mm

(Av. 3,46 ± 0,62 mm), respetivamente. O presente resultado está de acordo com o

relatório de Patel (1969).

A partir do quadro 3, verifica-se que o período ninfal do quinto instar do inseto

do algodão vermelho variou entre 14 e 16 dias (média de 14,86 ± 0,80 dias).

Mondal e Roy (1973) relataram que o período ninfal de quinto instar do percevejo

vermelho do algodão era de 19 dias. Judson e Roy (1989) referiram que o período

ninfal do quinto instar do inseto do algodão vermelho era de 19 dias, mas que variava

entre 6 e 7 dias. A presente observação está mais ou menos de acordo com o presente

estudo.

4.1.   3Período ninfal total

Pode ver-se no quadro 3 que o período ninfal total de *D. koenigii* variou de 35 a

41 dias (média de 37,52 ± 1,71 dias) quando cultivado a uma temperatura média de

25,5 ± 7,76° C e uma humidade relativa de 55,19 ± 21,36 por cento. Anteriormente,

Judson e Roy (1989) relataram que o período ninfal total do percevejo vermelho do

algodão era de 20 a 25 dias, o que é mais ou menos semelhante à presente descoberta.

Plate VI : Third instar nymph of *D.koenigii*

Plate VII : Fourth instar nymph of *D.koenigii*

Plate VIII : Fifth instar nymph of *D.koenigii*

4.1.   4Adulto

Os adultos de *D. koenigii* eram fortemente constituídos, de tamanho médio e de cor vermelho-escarlate. A cabeça tinha uma forma triangular. As antenas tinham cinco segmentos. O tórax era bem definido e unido à cabeça por um colo que não era visível do lado dorsal devido ao facto de o pronoto estar demasiado suspenso.

O pronoto era grande e parecia um escudo convexo. Era estreito na parte anterior e largo na parte posterior. O mesotórax era mais desenvolvido, com três segmentos torácicos que se ligavam ao primeiro par de asas. O mesonoto era mais largo do que o pronoto e o metanoto. As asas anteriores eram mais compridas e mais estreitas do que as posteriores. A região proximal das asas anteriores tem menos veias finas, enquanto a região distal tem veias bem definidas.

As asas anteriores apresentam uma mancha oval preta no centro. As asas posteriores são transparentes, membranosas e mais largas do que as asas anteriores e, durante a repulsão, ficam escondidas sob estas últimas. A margem posterior de cada esterno abdominal apresenta uma banda transversal branca, mais larga a meio. Não existem caracteres morfológicos especiais que permitam distinguir os adultos machos e fêmeas, mas os machos são mais pequenos do que as fêmeas em comprimento e largura (placa IX). Os machos eram mais pequenos em tamanho e mais leves em peso do que as fêmeas. Para efeitos de acasalamento, o macho monta no abdómen da fêmea, dobra o abdómen para baixo para entrar em contacto com os órgãos genitais da fêmea e estabelece a cópula. O macho desce então e torna-se negro, de modo a ficarem com a cabeça em direção oposta (placa X). Ambos os indivíduos que copulam continuam a alimentar-se e a deslocar-se na direção determinada pela fêmea, uma vez que esta é mais forte e maior do que o macho. Os adultos foram observados a copular durante 3 dias. O acasalamento subsequente foi observado depois de a primeira massa de ovos ter sido depositada, dois a três dias após o acasalamento. Por vezes, as fêmeas morreram durante o processo de cópula e, nesses casos, observou-se que os machos arrastavam a fêmea morta. As observações actuais são quase semelhantes aos relatórios de Patel (1969), Judson e Rao (1989) e Awasthi (2002).

Os dados sobre a medição de adultos de *D. koenigii* (Tabela 2) indicaram que o comprimento do macho do bicudo-do-algodoeiro variou de 10,80 a 13,85 mm (Av. 12,10 ± 1,00 mm), enquanto a largura variou de 3,58 a 4,42 mm (Av. 4,09 ± 0,33 mm). O comprimento da fêmea do inseto vermelho do algodão variou de 13,52 a 14,92 mm (Av. 13,56 ± 1,04 mm), enquanto a largura variou de 4,38 a 5,06 mm (Av. 4,84 ± 0,26 mm). O presente estudo está mais ou menos em conformidade com o relatório de Patel (1969).

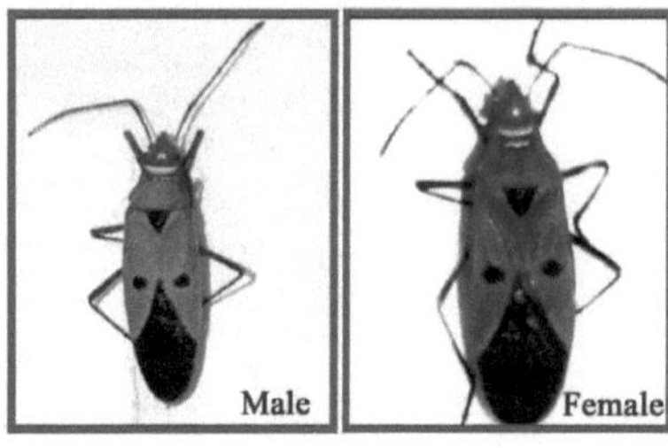

Dorsal View

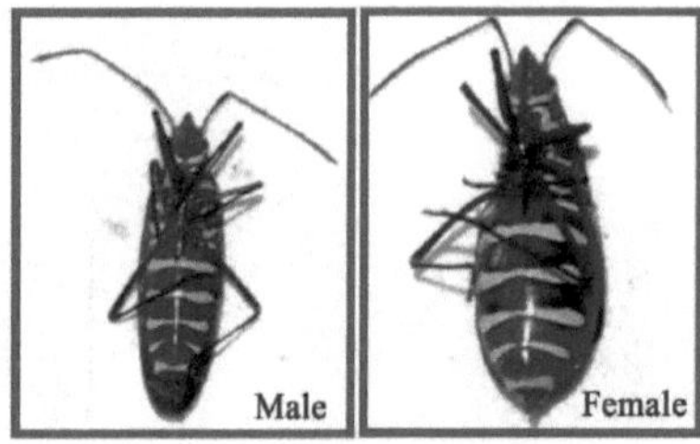

Ventral View
Plate IX : Adult male and female of *D.koenigii*

4.1.4.1 Períodos de pré-oviposição, oviposição e pós-oviposição

Durante o estudo dos períodos de pré-oviposição, oviposição e pós-oviposição, a temperatura e a humidade relativa foram de 25,5 ± 7,76° C e 55,19 ± 21,36 por cento, respetivamente. Os dados apresentados na Tabela 5 indicam que o período de pré-oviposição de *D. koenigii* variou de 6,0 a 9,0 dias (média de 7,6 ± 1,12 dias). O período de oviposição (Tabela 5) de *D. koenigii variou* de 8 a 10 dias (Av. 8,92 ± 0,88 dias). Já o período de pós-oviposição (Tabela 5) de *D. koenigii variou* de 6 a 8 dias (Av. 7,26 ± 0,79 dias). Os períodos de pré-oviposição, oviposição e pós-

36

oviposição de *D. koenigii variaram* de 9 a 19, 10 e 8 dias, respetivamente, de acordo com o relatório de Bhatia e Kaul (1960). Enquanto que, variou de 6,90, 5,20 e 3,90 dias como relatado por Patel (1969). O presente inquérito está mais ou menos em conformidade com o relatório dos trabalhadores acima referidos.

4.1.4.2 Fecundidade

Os dados apresentados no quadro 5 revelam que a capacidade de postura das fêmeas do inseto do algodão vermelho variou de 65 a 120 ovos (média de 95,2 ± 19,13 ovos) a uma temperatura ambiente média de 25,5 ± 7,76° C e uma humidade relativa de 55,19 ± 21,36 por cento. A fecundidade das fêmeas do inseto do algodão vermelho foi de 150 ovos (Mukhopadhyay e Saha, 1993), 108 a 150 ovos (Chakraborti, 2000) e 80 a 100 ovos (Awasthi, 2002). A presente investigação está mais ou menos em conformidade com o relatório dos trabalhadores acima referidos.

4.1.4.3 Longevidade

Os dados apresentados no quadro 3 mostram que a longevidade dos machos do inseto vermelho do algodão variou de 20 a 25 dias, com uma média de 22,33 ± 1,44 dias, enquanto a longevidade das fêmeas do inseto vermelho do algodão variou de 16 a 18 dias, com uma média de 16,93 ± 0,80 dias, a uma temperatura média de 25,5 ± 7,76° C e uma humidade relativa média de 55,19 ± 21,36 por cento. Além disso, os dados mostraram que a longevidade dos machos é superior à das fêmeas. Bhatia e Kaul (1966) referiram que a longevidade dos machos e fêmeas adultos do inseto do algodão vermelho era de 67,0 e 55,0 dias, respetivamente. Patel (1969) registou uma variação de 11 a 37 e de 7 a 31 dias. A variação encontrada na longevidade dos adultos machos e fêmeas deve-se a diferentes condições ecológicas em vários locais.

Quadro 5 : Períodos de pré-oviposição, oviposição, pós-oviposição e fecundidade de *D. koenigii*

Sr. Não.	Particularidades	Min.	Máximo.	Av. ± S.D.
1.	Período de pré-oviposição (dias)	6	9	7.6 ± 1.12
2.	Período de oviposição (dias)	8	10	8.92 ± 0.88
3.	Período pós-oviposição (dias)	6	8	7.26 ± 0.79
4.	Fecundidade	65	120	95.2 ± 19.13
5.	Temperatura	12.5	35.6	25.5 ± 7.76
6.	Humidade relativa	23.4	85.3	55.19 ± 21.36

4.1.4.4 Relação entre os sexos

Durante o presente estudo, os adultos mortos de *D. koenigii* obtidos da cultura de reserva foram secos, fixados com alfinetes e mantidos no laboratório para estudar a proporção entre os sexos. Pode ver-se a partir dos dados apresentados no quadro 6 que, de 100 adultos observados, 44 eram machos e 56 eram fêmeas, indicando uma preponderância da população feminina sobre a masculina. Assim, a razão sexual de

macho : fêmea foi de 1 : 1,20. O rácio entre os sexos masculino e feminino era de 1 :
1,09, conforme relatado por Patel (1969), enquanto que era de 1 : 1,26, de acordo com
o relatório de Judson e Roy (1989), o que está em estreita conformidade com os
presentes resultados

Quadro 6 : Razão sexual de *D.* koenigii

Sr. Não.	Número total de adulto observado	Número de		Rácio entre os sexos Homem : Mulher
		Masculino	**Feminino**	
1.	20	9	11	1 : 1.20
2.	30	13	17	1 : 1.30
3.	14	6	8	1 : 1.30
4.	16	7	9	1 : 1.20
5.	20	9	11	1 : 1.20
Total	100	44	56	1 : 1.20

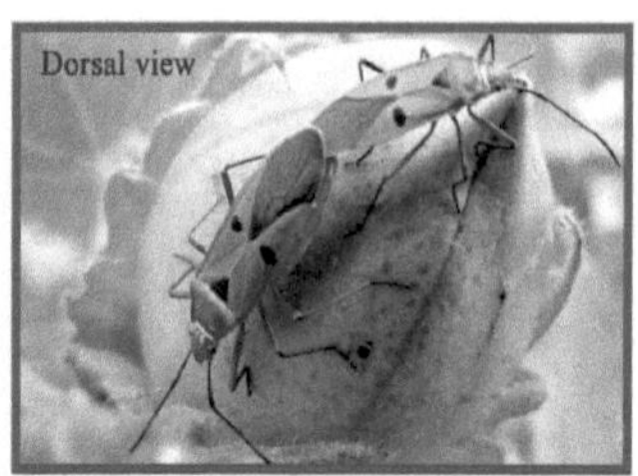

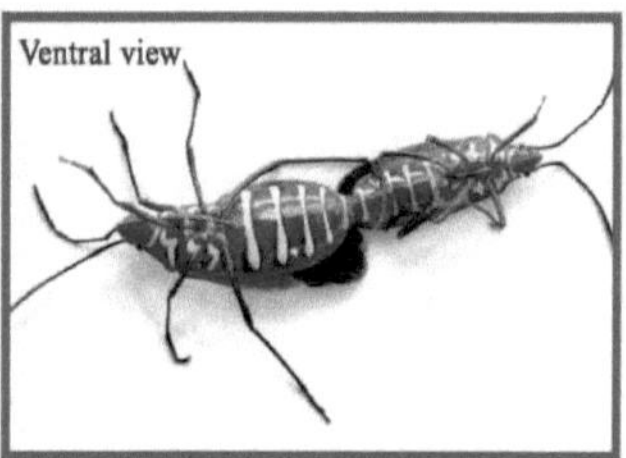

Plate X : Mating behaviour of *D.koenigii*

4.1. 5Período total de vida

O período de vida total (do ovo até a morte do adulto) do macho de *D. koenigii* *variou* de 55 a 66 dias (Av. 60,0 ± 3,52 dias). Enquanto que, no caso das fêmeas, variou de 51 a 59 dias (Av. 55,68 ± 2,42 dias) quando criadas a uma temperatura média de 25,5 ± 7,76° C e uma humidade relativa média de 55,19 ± 21,36 por cento (quadro 3). Patel (1969) registou que o período de vida total de *D. koenigii* variava de 43 a 75 dias. Enquanto que Chakraborti (2000) registou um período de vida de 40 a 70 dias, o que revela uma ligeira variação em relação aos presentes resultados. A variação encontrada no período de vida total pode ser atribuída a diferentes condições climáticas em vários locais e a outros factores laboratoriais.

Quadro 2: Medição dos diferentes estádios do inseto do algodão vermelho, *D. koenigii*

Fases		Comprimento (mm)			Largura (mm)		
		Min.	Máximo.	Av. ± S.D.	Min.	Máximo.	Av. ± S.D.
Ovo		1.05	1.12	1.08 ± 0.02	0.73	0.81	0.76 ± 0.08
Ninfa	I instar	1.42	1.95	1.62 ± 0.17	0.78	1.06	0.98 ± 0.16
	II instar	2.12	3.52	2.82 ± 0.57	1.09	1.56	1.25 ± 0.29
	III instar	3.14	4.72	3.82 ± 0.78	1.52	1.82	1.65 ± 0.99
	IV instar	5.28	8.85	7.02 ± 1.21	2.14	3.26	2.51 ± 0.44
	V instar	6.92	11.65	8.17 ± 1.30	2.87	4.58	3.46 ± 0.62
Adulto	Masculino	10.80	13.85	12.10 ± 1.00	3.58	4.42	4.09 ± 0.33
	Feminino	13.52	14.92	13.56 ± 1.04	4.38	5.06	4.84 ± 0.26

Quadro 3 : Período dos diferentes estádios do inseto vermelho do algodão, *D. koenigii*

Sr. Não.	Particularidades		Duração (dias)		
			Min.	Máximo.	Av. ± S.D.
1.	Período do ovo		4	7	4.97 ± 0.82
2.	Período ninfal				
	i.	I instar	2	3	2.51 ± 0.50
	ii.	II instar	3	4	3.52 ± 0.50
	iii.	III instar	4	5	4.51 ± 0.50
	iv.	IV instar	11	13	11.92 ± 1.42
	v.	V instar	14	16	14.86 ± 0.80
3.	Período ninfal total		35	41	37.52 ± 1.71
4.	Período adulto				
	i.	Masculino	20	25	22.33 ± 1.44
	ii.	Feminino	16	18	16.93 ± 0.80
5.	Período total de vida				
	i.	Masculino	55	66	60.0 ± 3.52
	ii.	Feminino	51	59	55.68 ± 2.42
6.	Temperatura (º C)		12.5	35.6	25.5 ± 7.76
7.	Humidade relativa (%)		23.4	85.3	55.19 ± 21.36

Quadro 4: Percentagem de eclosão dos ovos do inseto do algodão vermelho, *D. koenigii*

42

Período de estudo	Temperatura média (° C)	Humidade relativa média (%)	Número de ovos observados	Número de ovos eclodidos	Incubação percentagem
1st outubro, 2007 para 1st dezembro, 2007	22.89 ± 1.35	52.85 ± 2.05	20	18	90
			25	22	88
			20	18	90
			25	21	84
			30	24	80
			20	17	85
			20	18	90
			20	16	80
			25	23	92
			30	26	86
Mínimo					80
Máximo					92
Av. ± S.D.					87.33 ± 3.61

4.2NÚMERO   DE GERAÇÕES DO INSETO VERMELHO DO ALGODÃO

O número de gerações de *D. koenigii* foi estudado em condições laboratoriais durante o ano de 2007-08. A criação foi iniciada a partir de 1ˢᵗ de janeiro de 2007, tendo continuado durante doze meses, ou *seja,* até 1ˢᵗ de janeiro de 2008. Os resultados obtidos estão resumidos na Tabela 7.

Os dados apresentados no quadro 7 mostram que o inseto do algodão vermelho demorou entre 55 e 75 dias, com uma média de 62,33 ± 6,42 dias para completar uma geração. Também se observou que *D. koenigii* demorou o máximo (75 dias) para completar uma geração durante 4ᵗʰ julho de 2007 a 16ᵗʰ setembro de 2007. Ao passo que foi mais curto (55 dias) durante 17ᵗʰ setembro a 10ᵗʰ novembro de 2008, a uma temperatura média de 22,59 ± 1,55 e humidade relativa de 56,45 ± 6,35 por cento durante o período de estudo. Os dados também indicaram que o inseto vermelho do algodão passou por seis gerações num ano, quando criado em cápsulas de algodão em condições laboratoriais.

4.3NATUREZA   DOS DANOS CAUSADOS PELO INSETO VERMELHO DO ALGODÃO

Durante o estudo de campo e de laboratório, observou-se que o inseto vermelho do algodão é um inseto praga importante e de ocorrência regular no algodão. As ninfas e os adultos do inseto vermelho do algodão alimentam-se vorazmente, infestando folhas, flores e cápsulas de algodão e sugam o sumo das sementes de cápsulas de algodão verdes ou rasgadas. As cápsulas infestadas estavam murchas e secas (placa XI). Em caso de infestação grave, a vitalidade da planta é afetada e os danos também destroem o poder germinativo da semente devido à perda do seu conteúdo de óleo. A fibra de algodão também foi manchada por excrementos amarelos de ninfas e adultos. Observações semelhantes foram também registadas por Saxena (1948), Sohi (1964) e Awasthi (2002).

Plate XI : Nature of damage caused by
D. koenigii

4. **4FLUTUAÇÃO POPULACIONAL DO INSETO VERMELHO DO ALGODÃO**

Foi efectuado um estudo na Agronomy Instructional Farm, C. P. College of Agriculture, S. D. Agricultural University, Sardarkrushinagar, durante o mês de outubro de 2007 a fevereiro de 2008.

A observação da flutuação da população de *D. koenigii* em três variedades de algodão: algodão Bt (Rashi 2), algodão híbrido (G. Cot. hybrid-10) e algodão Deshi (G. Cot.-23) foi registada durante o mês de outubro de 2007 a fevereiro de 2008. Foram seleccionadas aleatoriamente e marcadas dez plantas de cada cultivar de uma parcela de rede. As plantas seleccionadas foram examinadas minuciosamente para registar a população de insectos vermelhos do algodão (ninfas e adultos) em intervalos de uma semana. As observações foram registadas 45 dias após a sementeira até à colheita da cultura. Pode ver-se no quadro 8 que as três cultivares de algodão foram atacadas pelo inseto vermelho do algodão durante todo o período do estudo.

Variedade [A]   Bt. (Rashi-2)

Os dados apresentados no quadro 8 mostram que a população de insectos vermelhos do algodoeiro (*D. koenigii*) começou na segunda semana de novembro (46th semana padrão) com 4,5 insectos vermelhos do algodoeiro por planta. Depois, a população de insectos vermelhos do algodoeiro aumentou gradualmente e atingiu o nível máximo (103,40 insectos vermelhos do algodoeiro/planta) durante a quarta semana de dezembro (52nd semana padrão) e, em seguida, a população de insectos vermelhos do algodoeiro diminuiu lentamente e atingiu um nível de 10,0 insectos vermelhos do algodoeiro por planta durante a quinta semana de janeiro (5th semana padrão) e a população desapareceu durante o mês de fevereiro (6th semana padrão). Além disso, os dados indicaram que a população de insectos vermelhos do algodão variou entre 0,00 e 103,4 insectos vermelhos do algodão por planta (média de 42,52 insectos vermelhos do algodão/planta).

[B]   Variedade híbrida (G.Cot. hybrid-10)

Os dados apresentados no quadro 8 mostram que a população de insectos vermelhos do algodão (*D. koenigii*) começou na segunda semana de novembro (46th semana padrão) com 4,0 insectos vermelhos do algodão por planta. Depois, a população aumentou gradualmente e atingiu um nível máximo de 90,50 insectos do algodoeiro vermelho por planta durante a quarta semana de dezembro (52th semana padrão) e, em seguida, a população diminuiu lentamente e reduziu-se a um nível de 5,8 insectos do algodoeiro vermelho por planta durante a quinta semana de janeiro (5th semana padrão) e a população desapareceu durante o mês de fevereiro (6th semana padrão). Além disso, os dados indicaram que a população de insectos vermelhos do algodão variou entre 0,00 e 90,50 insectos vermelhos do algodão por planta (média de 34,28 insectos vermelhos do algodão/planta).

[C]   Variedade Deshi (G. Cot.-23)

Os dados apresentados no quadro 8 mostram que a população de insectos vermelhos do algodão (*D. koenigii*) começou na segunda semana de novembro (46th semana padrão) com 2,5 insectos vermelhos do algodão por planta. Depois, a população aumentou gradualmente e atingiu um nível máximo de 80,40 insectos do algodoeiro vermelho por planta durante a quarta semana de dezembro (52th semana padrão) e, em seguida, a população diminuiu lentamente e reduziu-se a um nível de 4,5 insectos do algodoeiro vermelho por planta durante a quinta semana de janeiro (5th semana padrão) e a população desapareceu durante o mês de fevereiro (6th semana padrão). Além disso, os dados indicaram que a população de insectos vermelhos do algodão variou entre 0,00 e 80,40 insectos vermelhos do algodão por planta (média de 30,86 insectos vermelhos do algodão/planta).

Os resultados gerais mostraram que a população de percevejos vermelhos do algodão foi maior (42,52 ± 35,03 percevejos vermelhos/planta) na variedade de algodão Bt. (Rashi-2), seguida pela variedade híbrida (G.Cot. hybrid-10) com 34,28 ± 30,73 percevejos vermelhos/planta e pela variedade Deshi (G.Cot.23) com 30,86 ± 28,82 percevejos vermelhos/planta. Além disso, a Fig. 1 indica claramente que a variedade de algodão Bt. é mais preferida pelo inseto do algodão vermelho do que as variedades híbrida e Deshi.

Anteriormente, Saxena (1948), Patel e Talgeri (1956) e Awasthi (2002) relataram que a população do percevejo vermelho do algodão foi encontrada durante o mês de agosto a janeiro. Por outro lado, foi referido que a população do inseto vermelho do algodão era baixa no algodão Deshi (Sidhu e Dhavan, 1980), o que está de acordo com os presentes resultados.

Quadro 7: Número de gerações do inseto do algodão vermelho *D. koenigii*

Período de estudo	Temperatura média (º C)	Humidade relativa média (%)	Número de gerações	Data		Período de duração
				De	Para	
1st janeiro, 2007	22.59 ± 1.55	56.45 ± 6.35	1	1-1-2007	2-3-2007	61
para 1st janeiro,			2	3-3-2007	29-4-2007	58

2008			3	30-4-2007	3-7-2007	65
			4	4-7-2007	16-9-2007	75
			5	17-9-2007	10-11-2007	55
			6	11-11-2007	9-1-2008	60
Mínimo						55
Máximo						75
Av. ± S.D.						62.33 ± 6.42

Quadro 8: População do inseto vermelho do algodão, D. *koenigii*,

Mês	Semana normal	Média* população/planta		
		Variedade Bt. (Rashi-2)	Variedade híbrida (G.Cot. hybrid-10)	Variedade Deshi (G.Cot-23)
novembro-2007	45	0.0	0.0	0.0
	46	4.5	4.0	2.5
	47	8.7	7.5	5.6
	48	27.5	24.0	20.0
dezembro-2007	49	45.40	42.0	38.5
	50	66.25	55.35	50.25
	51	91.53	80.25	75.35
	52	103.40	90.50	80.40
janeiro-2008	1	87.50	75.80	72.80
	2	68.35	54.00	49.35
	3	55.25	25.35	22.45

	4	28.00	15.45	10.35
	5	10.00	5.8	4.5
fevereiro-2008	6	0.0	0.0	0.0
Média		42.52 ± 35.03	34.28 ± 30.73	30.83 ± 28.82

* Média de 10 observações de plantas.

4.5 BIOEFICÁCIA DE DIFERENTES INSECTICIDAS CONTRA O INSETO VERMELHO DO ALGODÃO (*D. koenigii*)

Em novembro de 2007, foi realizada uma experiência de campo no campo do agricultor na aldeia de Dangiya, Taluka: Dantiwada, Distrito: Banaskantha, para estudar a eficácia de vários insecticidas contra o inseto vermelho do algodão *D. koenigii* no algodão. A mortalidade do inseto vermelho do algodão foi registada antes e após 1, 7 e 14 dias, depois da aplicação dos respectivos insecticidas. No total, foram efectuadas duas pulverizações com um intervalo de 15 dias. O resultado obtido sobre a eficácia dos diferentes insecticidas contra o inseto vermelho do algodão é apresentado no quadro 9.

Antes da pulverização

Os dados apresentados no quadro 9 mostram que não houve diferença significativa entre os vários tratamentos antes da aplicação, o que revelou uma população uniforme de insectos do algodão vermelho no algodão.

Dados agrupados de duas pulverizações

Os dados agrupados de duas pulverizações apresentados no Quadro 9 e na Fig. 2 mostram que todos os tratamentos foram significativamente superiores ao controlo para reduzir a população do inseto vermelho do algodão.

O tratamento com imidaclopride 0,007 por cento registou significativamente a mortalidade mais elevada (92,96%) do inseto do algodão vermelho. No entanto, o dimetoato 0,03 por cento foi o próximo tratamento eficaz e registou 86,43 por cento de mortalidade. O diclorvos 0,05 por cento registou uma mortalidade de 79,60 por cento e foi equiparado ao fosfamidão 0,05 por cento e ao triazofos 0,05 por cento, que registaram uma mortalidade de 74,40 e 71,00 por cento, respetivamente, tendo sido considerado moderadamente eficaz contra o inseto vermelho do algodão. Além disso, os dados mostraram que os tratamentos acefato 0,11 por cento (65,81 % de mortalidade), fenvalerato 0,01 por cento (62,22 % de mortalidade) e azadiractina 0,5 por cento (58,12 % de mortalidade) foram considerados menos eficazes. Por outro lado, o controlo não tratado apresentou 10,57% de mortalidade.

Diferentes trabalhadores testaram vários insecticidas contra o inseto vermelho do algodão. Nagia *et al.* (1990) referiram que a aplicação de fenvalerato 0,01 por cento, acefato 0,11 por cento e triazofos 0,05 por cento foi considerada mais eficaz contra o inseto do algodão vermelho. Singh e Singh (1991) referiram que a aplicação de diclorvos a 0,05 por cento foi a mais eficaz contra o inseto vermelho do algodão. Gupta e Lal (1995) testaram vários insecticidas e verificaram que o imidaclopride 0,007 por cento era eficaz contra o inseto vermelho do algodão. Gupta *et al.* (1999) referiram que a aplicação de nimbecidina 0,03 por cento foi altamente eficaz contra o inseto do algodão vermelho. Misabahaddin e Elhleshmuddin (2000) testaram vários insecticidas contra o inseto vermelho do algodão e indicaram que o fosfamidon 0,03 por cento apresentava a infestação mais baixa do inseto vermelho do algodão. Rizwanulhaq *et al.* (2005) referiram que a aplicação de imidaclopride 0,07 por cento foi altamente eficaz contra o inseto do algodão vermelho. A presente investigação sobre a bioeficácia dos insecticidas contra o inseto vermelho do algodão está mais ou menos de acordo com o relatório dos trabalhadores acima referidos.

A partir dos resultados globais, pode concluir-se que a aplicação de duas pulverizações de imidaclopride 0,007 por cento ou dimetoato 0,03 por cento com 15 dias de intervalo durante o mês de novembro se revelou mais eficaz para o controlo do inseto vermelho do algodão.

Quadro 9: Bioeficácia de diferentes insecticidas contra o inseto vermelho do algodão, *D. koenigii*

Sr. Não.	Tratamento	Concentração (%)	População média antes da pulverização	Mortalidade (%) Pooled de duas pulverizações
1.	Imidaclopride	0.007	28.51** (22.33)	77.16** (92.96)
2.	Acefato	0.11	26.15 (19.00)	37.11 (65.81)
3.	Diclorvos	0.05	27.80 (21.33)	63.48 (79.60)
4.	Triazofos	0.05	26.89 (20.00)	57.45 (71.00)
5.	Dimetoato	0.03	27.59 (21.00)	69.19 (86.43)
6.	Fosfamidão	0.03	27.56 (21.00)	59.86 (74.40)
7.	Fenvalerato	0.01	27.61 (21.00)	52.21 (62.22)
8.	Azadiractina	0.5	28.29 (22.00)	49.85 (58.12)
9.	Controlo	-	26.65 (19.0)	18.79 (10.57)
	S.Em.±		0.830	2.052
	C.D. (5 %)		N.S.	6.154
	C.V. (%)		12.00	9.38

* Média de três repetições e três observações com 15 dias de intervalo.

** Os valores fora dos parênteses são valores transformados em arcsin √ por cento + 0,5, enquanto os valores entre parênteses são valores retransformados.

REFERÊNCIAS

Ahmad, L. e Khan, N.H. (1980). Efeito da fome na longevidade e fecundidade do inseto do algodão vermelho. *J. Appl. Entomol. Zool.,* **15** (2) : 182-183.

Ahmad, M.E. (1992). Efeito do diflubenzuron na fecundidade, fertilidade e desenvolvimento da descendência de *Dysdercus koenigii* (Fabr.) (Hemiptera : Pyrrhocoridae). **114** (2) : 138-142.

Relatório anual de progresso (1983). All India Co-ordinated Cotton Improvement Project, Surat. pp. 14-18.

*Relatório anual de investigação (2006). Estação Principal de Investigação do Algodão, Surat. p. 26.

Relatório anual de progresso (2007). Direção de Economia e Estatística, Departamento e Cooperação, Nova Deli. pp. S-16-19.

Awasthi, V.B. (2002). Introdução à Entomologia Geral e Aplicada.   Pub, Jodhpur. p. 35.

Bhatia, S.K. e Kaul, H.N. (1966). Efeito da temperatura no desenvolvimento e oviposição do inseto do algodão vermelho. *Dysdercus koenigii (*Fabr.) (Haemiptera : Pyrrhocoridae). *Indian J. Ent.,* **28** : 44-53, 45-56.

*Relatório de Pesquisa do Boletim (1937). Resultados da experiência de cultivo de algodão em Formosa. *Boletim. Inst. de Investigação de Formosa.* No. 122-133. [R.A.E. (A) **25** : 228-229].

*Chakraborti, S. (2000). Efeito de alguns factores ecológicos na biologia do desenvolvimento de *Dysdercus koenigii* (Fabr.). *J. Entomol. Res.,* **29** (2) : 139-143.

*Fletcher, T.B. (1914). Some South Indian insects and other animals of importance. *Government Press, Madras.* p. 484.

Gupta, G.P. e Lal, R. (1995). Toxicidade comparativa do imidaclopride contra o inseto vermelho do algodão. *Dysdercus koenigii* (Fabr.) (Hemiptera : Pyrrhocoridae). *Pesticide Res. J.,* **7** (1): 39-41.

Gupta, G.P.; Lal, R.; Katiyar, K.N. e Mahapatra, G.K. (1999). Bioensaio da nimbecidina contra o inseto vermelho do algodão pelo método de pulverização profunda. *Pesticide Res. J.,* **11** (2) : 218-221.

Judson, P. e Rao, V.S. (1989). Biologia de *Dysdercus koenigii* (Fabr.) em relação com a mortalidade e a razão sexual. *Pestologia.* **13** (11) : 8-11.

*Kabayashi, K. (1936). Estudos sobre o quimiotropismo de *Dysdercus megalopygus* Breddin. Oyo - Dobuts. Zasshi, Tóquio. **8** (4) : 117-196. [R.A.E. (A) **24** : 778].

Khan, Z.H. e Khan, A.M. (2001). Atividade ovicida de certos insecticidas para os ovos de *Dysdercus koenigii* (Fabr.). *Ann. Pl. Prot. Sci.,* **9** (1) : 139-140.

Kumble, P. (1991). Heteroptera and Economic Importance Pub, New Delhi. pp. 275-280.

Mathur, Y.K. (2001). Pragas de insectos do algodão e sua gestão. Em: Procedimentos do Simpósio sobre Proteção de Plantas, New Horizon, Udaipur, 2001. (Eds. S.C. Bhardwaj; R.C. Saxena e Swaminathan). pp. 123-132.

Misabahaddin, R.S. e Ehteshamuddin, S. (2000). Efeito do inseticida sistémico fosfamidão na atividade da LDH na hemolinfa de insectos que se alimentam de seiva, *Aspongopus janus* e *D. cingulatus, Environment and Ecology,* **18** (2): 317-319.

Mondal, A.K. e Roy, P. (1973). Biologia e morfologia do inseto vermelho do algodão. *Indian Agriculturist.* **17** (4) : 345-357.

*Mukhopadhyay, A. e Suha, B. (1993). Bioquímica da semente hospedeira e sua relação com o desempenho da história de vida do percevejo vermelho do algodão. *Phytophaga.* **5** (2) : 101-107.

*Nagia, D.K.; Kumar, S. e Saini, M.L. (1990). Toxicidade relativa de cinco insecticidas para o inseto vermelho do algodão. *Dysdercus koenigii* (Fabr.). *Uttar Pradesh J. Zool,* **10** (1) : 76-79.

Patel, B.H. (1969). Bionomia do inseto vermelho do algodão. *Dysdercus koenigii* (Fabr.) (Haemiptera : Pyrrhocoridae). Tese de Mestrado (Agri.), apresentada à Universidade Agrícola de Anand, Campus de Anand, Anand.

Patel, C.T. (1971). Hybrid-4 - Uma nova esperança para a autossuficiência do algodão na Índia. *Cotton Dev.,* **1** (2): 1-5.

*Patel, G.A. e Telgeri, G.M. (1956). Pragas das culturas de fibras. pp. 109-122. In: Crop Pest and how to fight them. Direção e Publicidade, Governo de Bombaim, Bombaim.

Pathak, B. e Sinha, D. (1993). Effect of relative humidity level on adult red cotton bugs, *Dysdercus koenigii* (Fabr.) (Hemiptera : Pyrrhocoridae). *Ambiente e Ecologia.* **11** (2) : 468-470.

Peter, C.; Suman, C.L. e Balasubramanian, R. (1985). Effect of abiotic fator on population density and distribution pattern of red cotton bug. *Curr. Res.,* **14** (7) : 51-52.

Pruthi, H.S. (1924). Sobre a anatomia e a bionomia do inseto vermelho do algodão. *Dysdercus koenigii* (Fabr.) *J. Proc. Asiatic Soc.,* Bengal. **19** (1) : 15-42 [R.A.E. (A) **12** : 203].

*Rizwanulhaq, M.; Rashid, A. e Sabri, M.A. (2005). Toxicidade dos insecticidas de nicotinilo no hemociclo do inseto vermelho do algodão. *J. Agri. Social Sci.,* **1** (3): 239-241.

Saxena, R.D. (1948). A Hand Book of Crop Pests. Banwari Lal Jain, Motikatra, Agra. pp. 34-36.

Schaefer, S. e Panizzi, V. (2000). Heteroptera of Economic Importance Pub, Delhi. pp. 275-280.

Shrivastava, U.S. e Bahadur, J. (1958). Observação sobre a história de vida do inseto do algodão vermelho *Dysdercus koenigii* (Fabr.). *Indian J. Ent.,* **20** (3) : 228-233.

*Sidhu, A.S. e Dhavan, A.K. (1980). Abundância sazonal de diferentes pragas de insectos no algodão *Deshi. J. Res. Punjab. Agric. Univ.,* **17** (3) : 275-281.

Singh, A.K.; Kumar, S. e Pandey, V. (2002). Efeito da acumulação de parâmetros meteorológicos de alimentadores de seiva no feijão-frade. Shashpa. **9** (2) : 149-152.

Singh, H.; Ram, B. e Singh, H. (1989). Efeito de diferentes plantas hospedeiras no desenvolvimento do inseto vermelho do algodão. *Indian J. Ent.,* **49** (3) : 345-350.

Singh, H.K. e Singh, H.N. (1991). Efeito do DDVP em esterases sensíveis a organofosforados em adultos de *Dysdercus koenigii* (Fabr.) *in vivo. Indian J. Ent.,* **53** (2) : 32-325.

Singh, Zile e Purohit, M.P. (1972). Novo hospedeiro alternativo do inseto do algodão vermelho *Dysdercus koenigii* (Fabr.). *Indian J. Ent.,* **20** (3) : 256-257.

*Sohi, G.S. (1964). Pragas do algodão. In: N.C. Pant (Ed.) "Entomology in India," Entomological Society of India, New Delhi. pp. 111-118.

*** Original não referido.**

Apêndice I : Dados meteorológicos registados durante o ano de 2007-08 em Sardarkrushinagar

Mês e ano	Semana normal	Temperatura (°C)			Humidade relativa			Horas de sol	Precipitação (mm)	Dias de chuva	Velocidade do vento (km/h)
		Min.	Máximo.	Av.	Min.	Máximo.	Av.				
Jan., 07	1	10.6	25.0	17.8	34.9	66.1	42.0	7.9	0.0	0.0	4.5
	2	8.3	25.5	16.9	22.0	70.0	43.5	8.1	0.0	0.0	5.6
	3	9.0	26.9	18.0	25.1	80.4	49.2	8.5	0.0	0.0	2.9
	4	9.9	28.0	19.0	22.1	73.4	46.2	9.1	0.0	0.0	3.8
	5	11.8	30.3	21.1	27.0	87.3	54.2	8.0	0.0	0.0	2.9
Fev.	6	13.63	29.5	21.6	42.0	85.7	53.6	6.6	0.0	0.0	4.5
	7	12.0	27.0	19.5	32.0	86.1	52.8	9.8	4.5	1.0	3.7
	8	15.5	32.4	24.0	31.0	74.7	49.3	9.5	0.0	0.0	4.1
	9	14.0	30.5	22.3	30.1	82.7	52.5	9.7	0.0	0.0	4.8
Mar.	10	14.8	32.4	23.6	22.1	72.7	47.9	9.6	0.0	0.0	4.4
	11	17.7	33.1	25.4	19.9	68.6	44.3	9.1	0.0	0.0	5.7
	12	17.3	34.4	25.9	22.4	67.6	45.0	9.6	0.0	0.0	4.9
	13	18.7	38.6	28.7	10.3	62.7	36.5	10.1	0.0	0.0	3.7
abril.	14	19.5	39.1	29.3	10.1	53.3	31.7	9.9	0.0	0.0	4.8
	15	22.0	39.0	30.5	17.3	64.0	40.7	10.1	0.0	0.0	5.1
	16	23.8	41.0	32.4	20.3	68.0	44.2	9.9	0.0	0.0	6.0
	17	22.4	39.1	30.8	28.3	69.6	49.0	10.5	0.0	0.0	5.6
	18	13.7	40.5	27.1	26.9	63.7	45.3	10.5	0.0	0.0	4.6
maio	19	25.1	40.7	32.9	30.4	75.6	53.0	10.1	0.0	0.0	9.4
	20	25.5	38.9	32.2	34.4	78.0	57.7	9.8	0.0	0.0	8.9
	21	25.6	38.9	32.3	31.7	80.4	56.1	8.8	0.0	0.0	9.6
	22	26.0	40.4	33.7	29.3	58.1	48.7	9.4	1.6	0.0	6.6
Jun.	23	27.0	37.9	32.5	42.6	81.4	62.0	7.3	10.7	2.0	9.8
	24	28.8	29.8	34.3	40.7	74.9	57.8	7.6	0.0	0.0	13.9
	25	29.3	40.2	34.8	39.4	68.1	53.8	7.5	0.0	0.0	10.3
	26	26.9	34.3	30.6	60.9	89.7	57.3	3.3	46.5	4.0	9.6
Jul.	27	26.1	32.0	29.1	82.7	93.0	87.9	2.4	238.6	4.0	10.7
	28	26.0	31.7	28.9	71.9	92.1	82.9	1.5	159.1	3.0	8.6
	29	26.6	34.1	30.4	51.6	84.6	68.1	4.9	1.4	1.0	9.6
	30	26.2	35.7	31.0	56.7	86.4	71.6	6.4	52.4	3.0	8.8
	31	25.9	33.1	29.5	68.1	91.9	80.0	3.3	115.0	5.0	5.7
Ago.	32	25.1	30.9	28.0	77.7	95.9	86.8	2.5	120.6	5.0	7.7
	33	25.3	30.7	28.0	66.6	93.0	79.8	2.4	9.4	1.0	10.0
	34	25.5	31.9	28.7	66.4	89.3	77.9	5.6	12.8	1.0	4.7
	35	25.8	33.3	29.6	70.4	93.9	82.2	3.3	60.6	4.0	3.8
Set.	36	25.9	33.2	29.6	66.1	93.9	80.0	5.2	29.0	3.0	6.1
	37	25.0	33.7	29.4	49.3	88.4	68.9	8.5	0.0	0.0	5.6
	38	25.5	36.1	30.8	48.7	87.0	67.9	8.0	0.0	0.0	4.2
	39	24.4	34.7	29.6	38.7	86.7	62.7	6.5	12.0	1.0	4.6
Out.	40	19.4	36.1	27.8	21.4	79.3	50.4	9.4	0.0	0.0	3.5
	41	19.5	35.5	27.5	26.1	79.3	52.7	9.7	0.0	0.0	3.1
	42	15.4	36.1	25.8	16.1	75.4	45.8	10.1	0.0	0.0	2.3
	43	16.5	35.4	26.0	21.1	76.6	48.9	9.4	0.0	0.0	2.4
	44	16.8	34.0	25.4	27.7	81.6	54.7	9.2	0.0	0.0	2.9
Nov.	45	16.2	35.6	25.9	22.4	79.3	50.9	3.3	0.0	0.0	2.2
	46	14.0	34.0	24.0	18.6	83.0	50.8	8.1	0.0	0.0	2.7
	47	11.3	32.4	21.9	16.7	81.3	49.0	9.3	0.0	0.0	1.0
	48	12.5	30.7	21.6	31.1	85.3	58.2	8.8	0.0	0.0	2.1
Dez.	49	11.5	28.5	20.0	31.4	58.6	6.8	3.3	0.0	0.0	2.9
	50	11.3	25.3	18.3	26.1	47.6	8	3.9	0.0	0.0	6.2
	51	10.3	28.5	19.4	23.4	53.3	7.9	3.5	0.0	0.0	3.6
	52	11.2	27.8	19.5	25.6	51.5	7.7	3.5	0.0	0.0	3.4

yes I want morebooks!

Buy your books fast and straightforward online - at one of world's fastest growing online book stores! Environmentally sound due to Print-on-Demand technologies.

Buy your books online at
www.morebooks.shop

Compre os seus livros mais rápido e diretamente na internet, em uma das livrarias on-line com o maior crescimento no mundo! Produção que protege o meio ambiente através das tecnologias de impressão sob demanda.

Compre os seus livros on-line em
www.morebooks.shop

info@omniscriptum.com
www.omniscriptum.com

Printed by Books on Demand GmbH, Norderstedt / Germany